儿童探索奥秘小百科

I Wonder Why?

为什么花儿有香味

瑾蔚 编

北方妇女儿童出版社
·长春·

图书在版编目（CIP）数据

　　为什么花儿有香味？ / 瑾蔚编著. -- 长春：北方
妇女儿童出版社，2020.8
　　（儿童探索奥秘小百科）
　　ISBN 978-7-5585-4498-9

　　Ⅰ. ①为… Ⅱ. ①瑾… Ⅲ. ①花—儿童读物 Ⅳ.
①Q944.58-49

　　中国版本图书馆 CIP 数据核字（2020）第 121803 号

儿童探索奥秘小百科·为什么花儿有香味？

ERTONG TANSUO AOMI XIAO BAIKE WEISHENME HUAER YOU XIANGWEI?

出 版 人	刘　刚
策 划 人	师晓晖
责任编辑	曲长军
开　　本	787mm×1092mm　1/16
印　　张	3
字　　数	40 千字
版　　次	2020 年 8 月第 1 版
印　　次	2020 年 8 月第 1 次印刷
印　　刷	天津久佳雅创印刷有限公司
出　　版	北方妇女儿童出版社
发　　行	北方妇女儿童出版社
地　　址	长春市龙腾国际出版大厦
电　　话	总编办 0431-81629600
	发行科 0431-81629633

定　　价：16.80 元

前言

FOREWORD

　　植物是自然界最灵动的生命，各种各样的植物有着各自不同的习性。在这些植物中，有一些平时容易被忽略的部分，包括植物的根、茎、叶等，除此之外还有雪莲、箭毒木、菟丝子等特别的植物。它们虽然小，却数量繁多，它们活跃在世界的每个角落，为我们的地球家园增添了一份盎然的生机。

　　长久以来，人们一直对这些植物的生活充满了好奇。为什么植物的根是向下生长的？为什么花儿有香味？为什么果实甘甜多汁？为什么有些植物会模仿其他生物？为什么水仙在水里就能开花？为什么松树要"流泪"？这种种问题，吸引着人们去不断探索。在这本书里，我们精心挑选了几十个关于植物的有趣问题，并配以生动的解答。希望读完这本书，可以让孩子们更好地了解地球上的种种植物，从而去关注和爱护植物，爱护我们生活的大自然。

目 录
CONTENTS

植物是什么时候出现的

　　植物是生物界中的一大类，它们发展到今天经历了极其漫长而复杂的演化历程。

　　地球上最早出现的植物，是距今约 35 亿年前的藻类。它们比动物出现在地球上要早得多，并且在很长一段时间内，地球上都只有植物而没有动物。后来藻类植物登上陆地进化为蕨类植物，再后来逐渐出现更加进步的裸子植物和被子植物，并不断发展，最终形成了我们现在看见的花草树木。

●藻类植物是一种古老的低等植物，它们的构造比较简单，没有根、茎、叶的分化

●苔藓植物是高等植物中比较低等的一类，它们没有真正的根，也没有花和果实，用孢子来进行繁殖

●蕨类植物是高等植物中的一大类群，它们不仅有茎和叶，还有真正的根，但它们不开花，不结果，也不会产生种子

●种子植物种类繁多，占整个植物界的一多半，我们熟悉的各种高大的树木、美丽的鲜花、瓜果和蔬菜等都属于种子植物

为什么植物的根向下生长

　　植物从一粒小小的种子开始，就知道根要向下生长。到底是什么力量让它们选择这样的生长方向呢？

　　植物的根具有向地性，它们在生长时受到了地心引力单个方向的作用，所以一直向下生长。不只是根，植物的其他部位受到单方向的外界刺激后，也会发生相应的反应，这种现象叫作"向性"。正是有了这些向性，植物才会呈现出现在这样奇特的生长方式。

●常春藤的不定根一般从茎或叶上长出来，可以攀附到其他东西上生长

●红薯的储藏根是一种变态根，和一般植物的根不一样，特别肥大，可以用来储存营养物质

●榕树的气生根能从树干和树枝上长出来，越长越长，有的甚至会垂下来伸进土壤里

●大多数树木的根都是最常见的直根，由一根粗壮的主根和主根上的侧根组成，梧桐树就是这样

●蒲公英的根也是直根，主根竖直向下非常发达，与侧根区别明显

●树木的根系可以深入地下，延伸到很远的地方去吸收营养和水分

●水稻是我们常吃的一种粮食。它的根由一大簇粗细差不多的须根组成，没有主根和侧根的区别，就像是乱蓬蓬的胡须

● 大部分植物的茎都是直立向上生长的，为直立茎，例如棉花的茎

● 牵牛花的缠绕茎总是沿着其他物体呈螺旋状缠绕，如果失去了支撑物，就会倒伏在地上

为什么有些植物的茎不是直立的

　　植物的茎是多种多样的，不同的茎在适应生长环境时，拥有各自不同的生长方式。最常见的是像树木那样直立于地面生长的直立茎，但其实还有许多植物的茎都不是直立的。

　　植物的茎长成什么样子与植物的寿命长短有关系。一般来说，寿命长的植物能够形成坚硬的木质部，容易长成直立茎。可是寿命短的植物就比较不容易长出坚固的直立茎来了。

● 草莓的匍匐茎有一个特点，只要我们取一段带叶子的茎插在土里，就能长成新的植株

为什么洋葱是一层一层的

洋葱总是穿着很多"衣服",一层一层的。洋葱头其实是洋葱的地下鳞茎,它最外面是一层又薄又干的鳞片叶,里面是厚厚的充满了汁液与糖分的肉质营养鳞片叶,中间包裹着一个小小的扁球形鳞片盘。

洋葱原来生活在沙漠里,那里十分干旱,缺少水分。它们为了生存,就把鳞叶一层一层叠在身上形成鳞茎,用来保存水和养分。

●洋葱的鳞茎呈扁圆形,鳞茎上部生长着叶鞘和枝芽,下部生长着须根

●荸荠的球茎通常全部埋在地下,形状比较像鳞茎,结构则和块茎类似

●大蒜的鳞茎呈扁球形,外面有灰白色或棕色的膜质鳞皮

●植物中还有一些茎为了适应特殊的生长环境,改变了原来的形态,比如生长在地下的土豆就是一种块茎

●叶片是叶子最主要的部分,又可以分为单叶和复叶两类。每个叶柄上只有一片叶子的叫单叶,有两片或更多叶片的就叫复叶

●植物的叶子有各种各样的形状,如鳞形、披针形、圆形、菱形、扇形等。世界上找不出两片完全相同的叶子

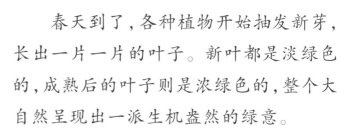

●完整具有叶片、叶柄、叶托三部分的叶子称为完全叶,比如梨树的叶子

为什么叶子是绿色的

　　春天到了,各种植物开始抽发新芽,长出一片一片的叶子。新叶都是淡绿色的,成熟后的叶子则是浓绿色的,整个大自然呈现出一派生机盎然的绿意。

　　叶子的颜色是由它们细胞内所含的色素决定的。叶子中的色素种类很多,数量最多的是叶绿素。植物生长所需要的光合作用依赖于叶绿素吸收阳光,所以植物会大量制造叶绿素来满足自身生长发育的需要。叶绿素多了,自然会掩盖其他色素,使叶子呈现出绿色。

●具有叶片,缺少叶柄或者叶托的叶子称为不完全叶,比如莴苣就是缺少叶柄的叶子

●到了秋天，树木不再大量制造叶绿素，叶片中的叶黄素开始占主导地位，树叶就变成黄色的了

●簇生的叶片，各茎节上长着一片或者数片叶子，比如银杏叶

●对生的叶片，茎上每节长着两片叶子，且相对着生长，比如薄荷叶

●互生的叶片，茎上每节只长着一片叶子，且交互生长在相对两侧，比如乌头的叶子

为什么花儿有香味

一提起花儿，大家脑海中首先想到的就是"芬芳""馨香"这样的词语。的确，很多花都会散发出阵阵香味，但是这些香味是从哪里来的呢？

花之所以会散发香味，是因为花朵里有一种油细胞。这种油细胞可以生产出带有香味的芳香油。芳香油具有挥发性，在正常温度下便能够随着水分而挥发出去，散出诱人的香味。阳光的照射，会使芳香油挥发得更快，所以在阳光下会觉得花儿的香味更加浓厚。

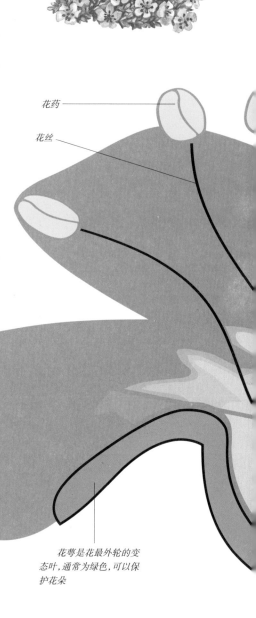

花药

花丝

花萼是花最外轮的变态叶，通常为绿色，可以保护花朵

●菊花盛开在百花凋零的秋季，它不畏风霜，傲立在秋风中，自古便被视为高风亮节的象征

●兰花是一种以香著称的花卉，它高雅的风姿成为超凡脱俗、淡雅纯洁的象征

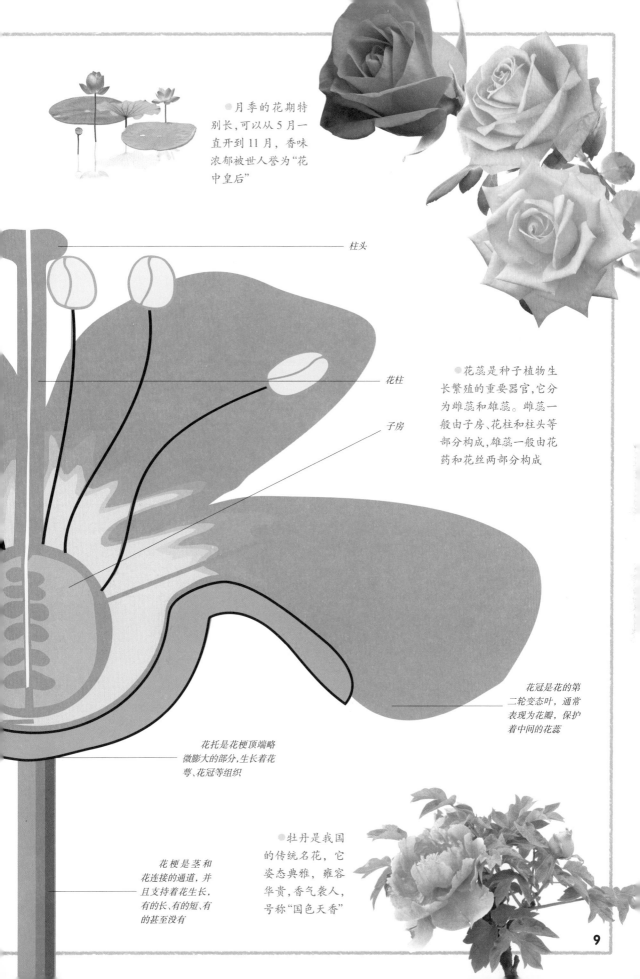

● 月季的花期特别长，可以从 5 月一直开到 11 月，香味浓郁被世人誉为"花中皇后"

柱头

花柱

子房

● 花蕊是种子植物生长繁殖的重要器官，它分为雌蕊和雄蕊。雌蕊一般由子房、花柱和柱头等部分构成，雄蕊一般由花药和花丝两部分构成

花冠是花的第二轮变态叶，通常表现为花瓣，保护着中间的花蕊

花托是花梗顶端略微膨大的部分，生长着花萼、花冠等组织

花梗是茎和花连接的通道，并且支持着花生长，有的长、有的短、有的甚至没有

● 牡丹是我国的传统名花，它姿态典雅，雍容华贵，香气袭人，号称"国色天香"

为什么花儿喜欢蜜蜂和蝴蝶

在花丛中总能看见几只蜜蜂或者蝴蝶在忙碌地飞来飞去，它们可不是在玩耍，而是在帮助植物传播花粉。

大部分植物都是依靠昆虫来传播花粉的，这样的花被称为"虫媒花"。虫媒花为了吸引昆虫前来，会分泌很多花蜜，这些花蜜对昆虫具有巨大的吸引力。昆虫在采蜜时会粘到花朵上的花粉，之后再飞到另一朵花上采蜜，这样就完成了传粉。

●杨树的花能依靠风来传播花粉，这样的花作做"风媒花"。它们的花粉又细又轻，风一吹就四处飞扬开去

●小麦不用依靠外界事物进行传粉，它们自己就可以完成传粉这件大事

●蜜蜂是传粉昆虫中的重要种类，是依靠蜜蜂传粉的花，颜色鲜艳、香味明显，一般为蓝色或黄色

●蝴蝶也能传播花粉，它们依靠视觉和嗅觉来寻找花朵，一般能看到红、蓝、橘黄等颜色

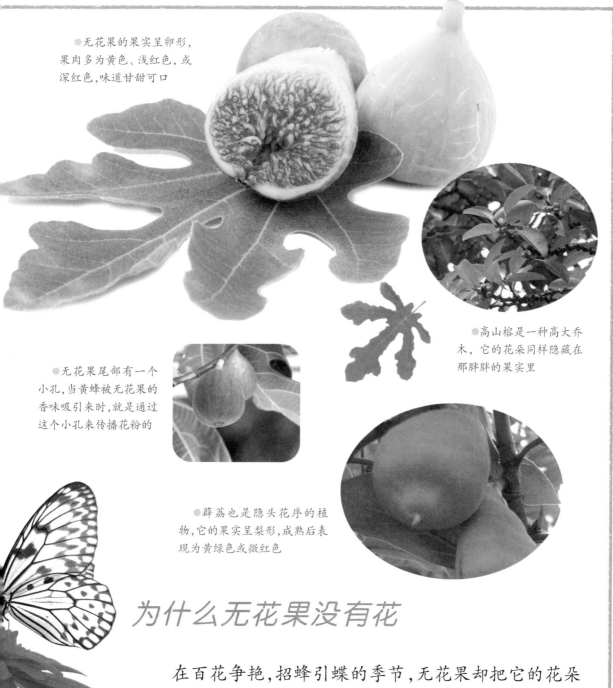

●无花果的果实呈卵形，果肉多为黄色、浅红色，或深红色，味道甘甜可口

●高山榕是一种高大乔木，它的花朵同样隐藏在那胖胖的果实里

●无花果尾部有一个小孔，当黄蜂被无花果的香味吸引来时，就是通过这个小孔来传播花粉的

●薜荔也是隐头花序的植物，它的果实呈梨形，成熟后表现为黄绿色或微红色

为什么无花果没有花

　　在百花争艳，招蜂引蝶的季节，无花果却把它的花朵深深地隐藏起来。所以我们根本看不见，还以为它是不开花的植物。

　　无花果的花朵实际上开在它那膨大成肉球的"果实"里，里面包裹了花托以及雌蕊、雄蕊等花的器官，那怕羞的小花就生长在其中。像无花果这样具有花开在内的特性植物，在植物学上被称为隐头花序。

●果实种类繁多，我们常见的有葡萄、菠萝、草莓、橘子、梨、苹果等

●单果是由一朵花内有一个或两个以上雌蕊的子房发育而成的果实，比如番茄就是一种单果

为什么植物的果实甘甜多汁

花在经过传粉授精后，雌蕊里的子房会逐渐长大，最后成长为一颗颗硕果。而成熟后的果实大都甘甜多汁。

果实的这种特性是为了吸引动物来帮它们传播种子。香甜和鲜艳的果实更容易引来动物的关注，动物吃下果实后，种子在它们肚子里很难被消化，会随着动物的粪便排出体外。种子到了新的地方，又可以利用粪便里的养分长成新的植株。

●复果是由整个花序发育而成的果实，比如桑葚就是一种复果

●聚合果是由一朵花内若干个互相分离的雌蕊发育而成的果实，每一个雌蕊形成一个独立的果实，聚合在一个花托上，比如莲的果实就是一种聚合果

为什么果实成熟后会自己掉下来

植物的果实成熟后，如果不及时采摘，它们就会自己掉到地上，生根发芽继续生长，完成繁殖的任务。这是植物自然进化的结果。

当果实成熟时，果柄上的细胞就开始衰老，在果柄与树枝相连的地方形成一层起隔离作用的"离层"。离层就像一道屏障，隔断果树对果实的营养供应。这样，由于地心引力的作用，果实就纷纷掉落到了地上。

●假果的发育除了子房外还有其他部分的参与，比如苹果就是一种假果

●干果是一种单果，果实成熟后果皮会变得干燥，比如核桃就是干果

●肉质果也是一种单果，果实成熟后肉质多汁，比如西瓜就是一种肉质果

为什么种子要"旅行"

　　种子肩负着植物传宗接代的重任，它们不仅会在植物周围落下生根发芽，甚至还会跑到很远的地方去重新安家。

　　如果同一类种子传播得比较近，它们之间就会因为竞争激烈而不利于彼此的生存发展。而且一种植物在自然界的生存疆域越大，它灭绝的可能性就越小。所以植物为了尽可能地繁衍发展，它们的种子一直在以各种方式进行长途跋涉的"旅行"。

●豆荚的种子整齐地排成一列，成熟后果皮自行裂开，它们便蹦蹦跳跳地弹了出去

●椰子的种子成熟后掉落到水中，随着水流漂到远处，遇到合适的土地就会在那里生根发芽

●苍耳的果实上面长满了带钩的刺，可以粘在路过的动物身上，利用动物将种子带去其他地方

●蒲公英的种子可以随着轻风飘扬到空中，飘到很远的地方去安家

睡莲的种子寿命特别长，有的甚至可以保存800年还具备发芽能力

为什么水仙在水里就能开花

植物大多生长在土壤里，但是水仙却只要一盆清水就能够过活，还可以开出美丽的花朵来。

水仙的秘密就在于它根部那像蒜头一样的鳞茎里。鳞茎是在土壤中培育出来的，至少需要三年的时间才能长成。这时候鳞茎已经吸收了足够的养分，完全能够满足水仙在水里生长所需的营养。因此将水仙养在清水里，也一样能开出花来。

●水仙花清丽淡雅，花瓣多为六瓣，花蕊外还有一个像碗一样的鹅黄色保护罩

●石蒜的花朵呈鲜红色，花型妖娆美丽，它和水仙同样是近亲，具有富含养分的鳞茎

●君子兰的名字中虽然有个"兰"字，但其实它不是兰花，它是属于石蒜科的，和水仙是近亲

●高山植物为了适应
严酷的特殊环境，一般
植株低矮、叶子细小，生
长也更加缓慢

●雪绒花是著名的
高山花卉，被誉为阿尔
卑斯山名花

为什么雪莲不怕冷

　　雪莲是非常稀有的名贵植物，生长在海拔几千米的高山上。那里气候恶劣，山风强劲，一般植物根本无法存活。

　　雪莲的植株矮小而茎粗短，叶子贴着地面生长，上面长满了白色的茸毛，可以防寒、抗风和防止紫外线的辐射。另外，雪莲的根系十分发达，可以深入地下吸收水分和养料。这些生理特性是雪莲长期在高山寒冷干旱的条件下形成的。

●雪莲花的叶子非
常密集，呈淡黄色，包
围着中间的花朵

基质　内膜　外膜　类囊体　氧气　二氧化碳

● 植物含有一种叫叶绿体的物质，它是进行光合作用的关键参与者

● 紫薇是一种喜光植物，它的树姿优美，花色艳丽，花期尤其长，所以又有"百日红"的称号

为什么植物生长离不开阳光

在植物的生长过程中，离不开阳光的照射。植物不像动物可以通过进食来获取营养物质，它们没有消化系统，所以需要阳光来吸收营养。

植物通过叶子吸收空气中的二氧化碳，通过根吸收土壤中的水分。在阳光下，植物把这些二氧化碳和水转化成所需的营养物质，并释放出氧气，这个过程就是光合作用。所有的植物都需要从太阳光中吸取能量，进行光合作用，来制造供自己生存的食物。

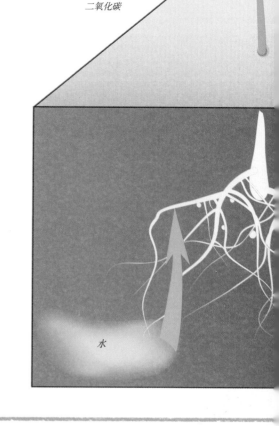

水

水

光的能量

●光合作用能够让植物转化并储存太阳能，我们现在使用的煤炭、石油、天然气等都是植物储存起来的能量

●光合作用能够调节大气中二氧化碳和氧气的含量，让它们保持相对平衡

●凌霄开出的花朵像一口老钟，里面鲜红色，外面橙黄色，十分喜欢阳光的照射

矿物

●芍药又叫别离草，是花中的宰相，它在开花时需要长时间的日照，如果日照时间不够，它就开不出花或是开花异常

●一些藻类也和高等植物一样具有叶绿体，能够进行光合作用，只不过它们的叶绿体中还有其他颜色，所以可能呈现出不同的颜色来，比如红藻、褐藻等

为什么龟背竹的叶片裂缝多

●橡皮树是著名的盆栽观叶植物,非常适合放在室内美化家庭布置

●文竹姿态优美,枝干细柔,层次分明,高低有序,同龟背竹一样具有很高的观赏价值

●龟背竹的汁液有毒,对皮肤有刺激作用

龟背竹的叶子长得很奇怪,叶片上有很多大裂缝,看起来就像龟壳上的裂纹一样,因此得名"龟背竹"。

龟背竹原本生活在热带雨林中,那里气候炎热,雨量很大。如果叶片上的雨水不能及时流走,叶子就会烂掉。有了那些裂缝后,叶片就可以及时排掉雨水,不至于腐烂。此外,叶片上的裂缝还能透过阳光,使生长在下面的叶子也能照射到足够的阳光。

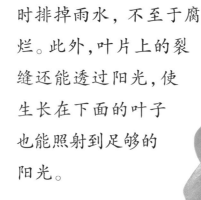

●绿萝也是一种常见的室内观赏植物,具有发达的气根,既可以在土壤里种植,也可以在水里养植

●百岁兰生长在沙漠里，茎短而粗壮，茎端生长着两枚巨大的革质叶片，包围着中间的花朵

●仙人掌的花通常开在刺座上，花色繁多，形状也各不相同，但都十分美丽

为什么仙人掌会长刺

仙人掌是一种典型的沙漠植物，它们浑身长满了硬刺，长期生活在极度缺水的干旱环境中。

沙漠里温度高日照强，水分极其来之不易。仙人掌为了对付严酷的生存环境，保存珍贵的水分，它们的叶子逐渐退化，变成了一根根的硬刺，从而减少由于蒸腾作用造成的水分散失。它们的根系十分发达，可以深入地下吸取水分和养料，提供日常所需。

●巨柱仙人掌非常高大，主干上有分枝，呈烛台状，刺座上生长着长短不一的尖刺

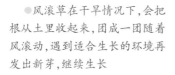

●风滚草在干旱情况下，会把根从土里收起来，团成一团随着风滚动，遇到适合生长的环境再发出新芽，继续生长

为什么说菟丝子是"寄生虫"

　　菟丝子喜欢寄生在荨麻、大豆之类的农作物上，它细软的茎紧紧缠绕在寄主身上，靠吸收寄主的营养过活。

　　菟丝子刚出土的两三周内还过着独立的生活，靠吸收种子胚乳里的营养维持生命。慢慢地，它的茎尖开始不安分起来，一旦遇到合适的寄主，它便缠绕上去，并从茎中长出一个个小吸盘，伸入到寄主茎内吮吸养分，过上不劳而获的生活。

●菟丝子没有叶子，表面十分光滑，植株多呈黄褐色

●列当常常寄生在其他植物的根上，吸收它们的养分来维持自己的生活

●槲寄生通常寄生在苹果树、松树等树木上，叶子和茎都呈淡绿色

●夹竹桃经常被用作观赏植物，看起来十分美丽，但是它的叶、花、树皮等均有毒，一定要小心接触

●曼陀罗多生在田间、沟旁、道边、河岸、山坡等地方，全株有毒，尤其是种子，毒性最大

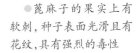

●蓖麻子的果实上有软刺，种子表面光滑且有花纹，具有强烈的毒性

为什么箭毒木又叫"见血封喉"

箭毒木是一种高大的乔木，生长在我国云南西双版纳的热带雨林里，含有剧毒。

箭毒木的根、茎、叶、花、果里都含有白色的剧毒乳汁。如果用浸有这种毒汁的毒箭射中野兽，几秒钟之内就能使野兽的血液迅速凝固、心脏停止跳动。毒汁一旦触及人和动物皮肤上的伤口，也会导致人和动物死亡。所以，人们又称箭毒木为"见血封喉"，意思是毒性特别强。

●箭毒木的叶子是长椭圆形的，叶片中含有充满剧毒的白浆

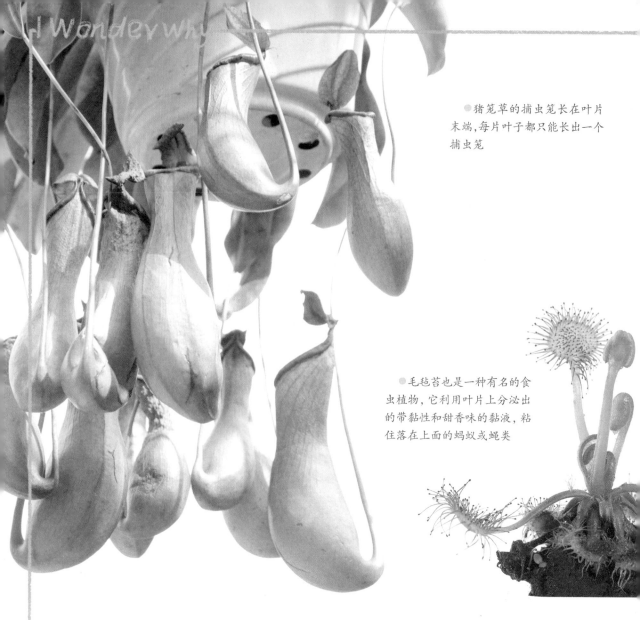

●猪笼草的捕虫笼长在叶片末端，每片叶子都只能长出一个捕虫笼

●毛毡苔也是一种有名的食虫植物，它利用叶片上分泌出的带黏性和甜香味的黏液，粘住落在上面的蚂蚁或蝇类

为什么猪笼草能吃虫

　　世界上有一些植物天生爱吃虫，猪笼草就是其中之一。它们的叶子十分奇特，长得就像一个个精巧的小瓶子。

　　这些"小瓶子"颜色鲜艳，它们的内缘细胞还能渗出香甜的汁液。艳丽的颜色和香甜的蜜汁不断地吸引着小昆虫往里面钻。不过，瓶子里面滑溜溜的，虫子一不小心就会滑到瓶底，掉进黏糊糊的消化液里。这样，小昆虫就别想逃走了，因为过不了多久，它就会成为猪笼草的美餐。

●捕蝇草的叶子长得很像一个个小夹子,当昆虫或是小爬虫碰到这些夹子时,它们就会迅速合拢,捉住猎物

●黄花狸藻是水中的杀手,它平时漂浮在水面上,叶子旁边长着许多小口袋,水中的虫子不小心就会陷入它的圈套

●瓶子草的瓶状叶是很有效的昆虫陷阱,它们外表鲜艳,光滑的瓶口处还能分泌蜜汁,引诱着昆虫掉入陷进

为什么含羞草会怕羞

●含羞草的花从叶柄底部长出来，花朵比较小，花冠呈钟状

　　许多人认为植物是没有知觉的，但植物其实不仅可以感知到外界的变化，有的还能根据感觉到的变化做出相应的反应。含羞草就是一种感知能力特别强的植物。

　　含羞草的细胞由细小如网状的蛋白质"肌动蛋白"支撑起来，就像动物的肌肉纤维一样，可以控制肌肉的运动。所以只要碰一下含羞草的叶片，它就会像害羞了一样将叶片合拢起来。

●睡莲的花朵也有感知，它会随着太阳的起落而产生变化，清晨花瓣慢慢展开，到了傍晚又合上

●舞草看起来很普通，但当人们对它讲话或者唱歌时，它的小叶片就会左右舞动

为什么向日葵朝太阳生长

向日葵大大的花盘每天都会追随着太阳从东向西转，真是十分神奇。

原来向日葵花盘下面的茎部含有一种胆小怕光的植物生长素，这种生长素一见到阳光就跑到背光的侧面去躲起来。这样一来，背光一面的生长素就越来越多，长得也比向阳的一面快，总是向着有光的一面弯曲。所以向日葵看起来总是朝着太阳生长。

●向日葵对土壤的要求不高，在各种土地上都能够发芽生长

●向日葵的种子俗称葵花籽，生长在花盘中间，富含不饱和脂肪酸、多种维生素和微量元素

●向日葵的茎呈圆形，直立在地上，表面粗糙并且覆盖着一层细小的刚毛

龙舌兰叶片坚挺，叶子边缘长有褐色的刺，顶端还有一个尖刺，动物看见它也不敢上前来

死荨麻的茎、叶等非常像带有毒刺的蝎子草，可以让它的敌人望而生畏

为什么有些植物会模仿别的生物的样子

植物自保的手段层出不穷，有些植物为了保护自己，能够装扮成动物身体的部分形状，让天敌不敢接近。

这些植物有的能够长出像动物牙齿一样的假刺。这些假刺看起来十分逼真，可以让食草动物对它们失去兴趣，从而避免被吞食。但是这些假刺其实并不具备真刺的作用。研究人员认为这些植物之所以利用假刺模仿真刺是因为它们可以付出更小的代价，得到想要的结果。

蜂兰模拟雌性蜜蜂的颜色和外形，吸引雄蜂来为自己传播花粉

眼镜蛇瓶子草因为酷似眼镜蛇而得名，它凶猛的外表能让许多动物望而却步

生石花形状十分特别，它把自己伪装成石头的样子，来躲避食草动物的伤害

苏铁坚硬的叶子两侧长着一排排齿状尖刺，看上去威慑力十足，让过往的动物都不敢靠近

芦荟边缘长着尖齿状的刺，这也是为了警告对方保护自己

为什么玫瑰会长刺

玫瑰花美丽非凡，一直是爱情、和平、友谊、勇气和献身精神的化身，深受全世界人们的欢迎和喜爱。可是这样美丽的花朵身上却长着令人望而生畏的尖刺。

在大自然中，玫瑰花色彩鲜艳，而且可以食用，是很多动物喜爱的食物。玫瑰为了保护自己不被吃掉，只好长出了比较硬的尖刺，用来震慑路过的动物或是天上的飞鸟，告诉它们自己可不好惹。

●月季和玫瑰一样长得很漂亮，但是它的茎枝上分布着密集的小刺，可以震慑敌人，保护自己

●荨麻叶子上生长着密密麻麻的刺毛，这些刺毛具有毒性，动物一旦触碰到就会产生痛感，从而不敢去接近它

●蝎子草叶面上生长着粗糙的硬毛，叶柄及叶片背面生长着螫毛，这些螫毛能够分泌出一种酸液，一旦接触到，就像被蝎子螫了一样疼痛难忍

●玫瑰在我国栽培历史悠久，拥有红、黄、蓝、白、紫等不同颜色

●盛开的大王花，花瓣厚实多汁，整个花冠呈鲜红色，上面分布着许多斑点

●热带雨林里的巨魔芋也是一种开臭花的植物，它的花像一个巨型的蜡烛台，非常漂亮，却会散发出一种类似尸臭的气味

●犀角的花呈五角星形状，花冠里镶嵌着暗紫色的横条纹和斑点。但这种美丽的花发散出来的气味却和大王花一样难闻

世界上最大的花是什么

　　大王花是世界上花朵最大的植物，它生长在苏门答腊的热带森林里，既没有茎也没有叶，寄生在其他植物的根上，一生只开一朵花。

　　大王花直径最大可达1.4米，最小的也在1米左右。这种花色彩艳丽，但习性特别，开花的时候会散发出浓重的恶臭味。这股恶臭味可以吸引来一群群和它"臭味相投"的苍蝇，苍蝇在花朵里进进出出，完成传播花粉的重任。

为什么树都长得那么高

一提到树木,首先想到的就是它的高大挺拔。植物里面恐怕没有什么能比树长得更高了吧,那它为什么能长那么高呢?

原来植物茎的顶端细胞能够产生生长素,生长素会刺激细胞的分裂,使分裂出来的细胞不断地被拉长,所以植物越长越高。随着树的不断生长,需要更多的阳光来进行光合作用,所以要一直努力地往上生长。那些矮小的树木因为得不到充足的日照,往往会慢慢衰退并最终消失。

●冬青是一种常绿树,它经常被种在公园、庭院和公路中间的隔离带里,是园林绿化中使用最多的灌木

●桉树种类很多,有高达百米的大树,也有矮小的灌木

●水杉是我国特有的珍贵植物,被称为植物中的"活化石"

枫树的树姿优美、叶形秀丽，每到秋天，枫树的叶子就会变成绚丽的火红色，为秋天的景色增添一番别样的色彩

垂柳枝条细软下垂，树形优美，是一种常见的观赏树木，被大量种植在池边、湖岸和道路两旁

松香也是一种松脂，可以从很多种松树中获取，被大量运用在工业上，是重要的工业原料

松树的形态千奇百怪，一些名山胜地更是以奇特的松树闻名中外，黄山的迎客松便是其中的佼佼者

松脂从树干中流出来与空气接触后，逐渐变成蜂蜜状的透明结晶

为什么松树要"流泪"

在松树上经常可以见到一团团半透明、软乎乎的黏液，就像松树流出的眼泪，其实那是松树自己分泌的松脂。

松树的树干、根和松针里有很多细小的管道，这些管道连接起来组成了松树的运输脉络。组成这个脉络的细胞都具有一个了不起的本事，就是制造松脂。松脂被储藏在这些脉络里，一旦松树受到伤害，松脂就会迅速流出来封闭伤口，保护松树。

松树的叶子呈针状，通常2针、3针或5针一束生长

为什么白桦树身上长有横纹

白桦树高大挺拔,白色的树皮非常显眼。如果大家仔细观察,就会发现这些树皮上布满了一道道的横纹。

这些横纹是白桦树上成排的呼吸孔,也叫皮孔。通过这些皮孔,白桦树就可以畅快地呼吸了。一般桦树生长一段时间就会自然脱落一层薄皮,这样一方面可以把灰尘带走,另一方面也可以保证树木呼吸通畅。

白桦树的树皮一面光滑,另一面却疙疙瘩瘩,高低不平,这是由于光照不同造成的

白桦树是典型的落叶阔叶林植物,它外貌整齐,洁白的树身笔直挺拔,落叶纷纷时尤其美丽

竹笋有多少节，长成的竹子就有多少节，一旦竹子长成，就不会再长高了

为什么雨后春笋长得特别快

每年春雨过后，竹笋总是长得特别的快，没几天功夫就长成了高高的竹子。

原来竹笋在出土之前就已经准备好了各种生长必需的养分，到了春天天气转暖时，就会向上升出地面。但是这个时候常常因为土壤还比较干燥，水分不够，所以竹笋长得不快，有的甚至还暂时停留在土里。等到一场春雨过后，竹笋吸饱了水分，就纷纷窜出地面，迅速生长起来。

竹笋是竹子的嫩芽，外面包裹着一层层的笋壳

■浮萍是常见的水面浮生植物,它繁殖迅速,经常在水面形成大片的绿色群落

■芦苇具有发达的通气组织,通常生长在池沼、河岸等浅水地带

为什么水生植物不会腐烂

很多东西在水里泡久了就会腐烂,但是有些植物整天泡在水里,不仅不会腐烂,还能不断地繁衍下去。

水生植物的根为了适应生活环境,能够吸收溶解在水中的氧气,而且在氧气较少的情况下,依然能够正常地呼吸,保持植物生长。由于水生植物拥有这种特殊的构造,所以它们长期生活在水中也不会腐烂。

■荷花的叶柄和莲藕中都有很多孔眼,可以很好地通气呼吸,是典型的水生植物

●爬山虎的适应性很强，要不了多久，它们就会爬满整面墙壁

为什么墙上会有小草

植物一般生活在土壤里，但是有时候我们也能在路边的墙上发现几株植物的踪影。这些植物是怎么跑到墙上去的呢？

成熟的草籽有时候让风一吹，就飘落到了墙上的缝隙里；有时候小猫路过草地，身上也能带着一些草籽，如果正好小猫爬去墙头上玩耍，草籽就在墙头上安了家。这些因为各种原因落到墙上的草籽，便会在第二年春天长出绿草来。

●很多蕨类植物也喜欢在墙角安家，甚至会长到墙上去

●小草生命力十分顽强，只要遇到一点点阳光、水分和土壤，它就能存活下来

草原上只有草没有树吗

提起草原，想到的总是一望无际的青草，很少会想到高大的树木。其实草原上不仅有草，偶尔也会有树木生长，只是由于草原的环境不适宜树木的生长，比较稀少而已。

草原上是否会有树木生长，主要还要看当地的气候和土质。气候湿润的地方，不只草类长势繁盛，就连树木也生长较多。但是在气候干旱的地方，不但树木极少，就连草类也低矮稀疏。

●新疆伊犁草原风景秀丽，自然条件良好，分布着多种不同的草原类型

●西藏那曲高寒草原中西部地形辽阔平坦，多丘陵、盆地，分布着大大小小的湖泊以及河流

●内蒙古呼伦贝尔大草原是世界著名的天然牧场，占地面积巨大，植物资源繁多

为什么要保护植物

植物对人类、对地球来说，都有着不可替代的作用。植物是环境的保护者，它为所有生物提供了氧气和食物。

●不要滥砍乱伐，肆意消耗我们的绿色家园

地球上出现了植物，才改变了原有的蛮荒面貌，才有了适合人类居住的幸福家园。植物不仅带给我们先天的便利，还一直支持着我们的生活。它为我们提供了森林资源、矿产资源、医疗资源等等。它一直在不断地净化着空气、水体和土壤。正是因为有了植物，才有了人类的继续发展。所以我们要保护植物，大力植树造林，保护生态环境。

●在容易造成水土流失的地方，有计划有步骤地停止耕种，种植果木，恢复植被

●每年的 3 月 12 日是植树节，大家可以带着树苗去郊外植树造林，为绿色地球贡献一分力量

◎减少一次性筷子和一次性纸盒的使用，不要随意浪费纸张，节约森林资源

◎不要践踏草坪和绿化带，不要伤害路边的花草树木

儿童探索奥秘小百科

I Wonder Why?

为什么花儿有香味